AF322143

ASSOCIATION INTERNATIONALE POUR
□ □ □ L'ESSAI DES MATÉRIAUX. □ □ □

□ CONGRÈS DE BRUXELLES 1906. □
□ RAPPORT SUR LE PROBLÈME 31. □

SUR LA MANIÈRE DONT SE COMPORTE LE CIMENT DANS L'EAU DE MER.

NOTE SUR LA DÉCOMPO-
SITION DES CIMENTS À LA
MER PAR H. LE CHATELIER.
INGÉNIEUR EN CHEF DES MINES,
PROFESSEUR AU COLLÈGE DE FRANCE.

EDITÉ PAR L'ASSOCIATION INTERNATIONALE.
IMPRIMÉ PAR P. GERIN, VIENNE.

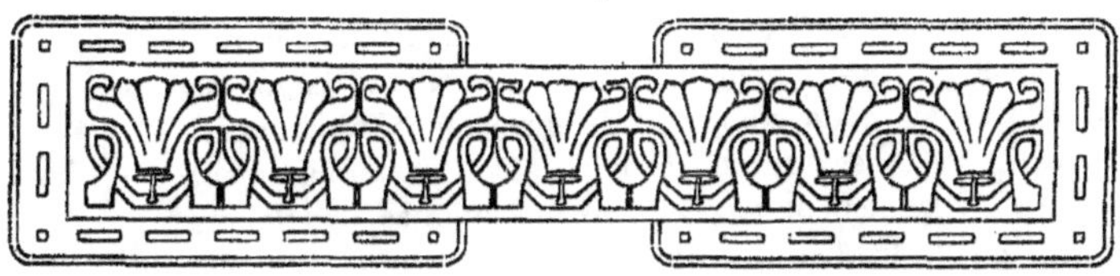

Note sur la

Décomposition des Ciments à la Mer

par H. Le Chatelier.

J'avais accepté primitivement de faire devant le Congrès de l'Association Internationale pour l'Essai des Matérieux un rapport d'ensemble sur l'état actuel des études relatives à la décomposition des ciments à la mer, mais en cherchant à réunir les documents nécessaires, j'ai bien vite reconnu qu'ii n existait presque aucune donnée précise sur cette importante question, et je me suis contenté dans ce travail de donner un résumé des recherches de laboratoire que j'ai faites dans ces dernières années sur ce sujet et dont j'ai publié récemment dans les annales des Mines les résultats complets. [1]

Actions mécaniques dues aux Phénomènes chimiques.

Si des réactions chimiques sont la cause première du durcissement des ciments, il ne s'ensuit pas que toutes les réactions, dont ces produits peuvent être le siège, aient nécessairement le même effet. Il est au contraire des cas où les réactions chimiques amènent la désagrégation des mortiers; elles peuvent le faire par

---

[1] H. Le Chatelier. Observations préliminaires au sujet de la décomposition des ciments à la mer (1904. Mr. V. Ch. Dunod, éditeur).

deux procédés tout à fait différents et très inégalement dangereux: ou bien elles amènent simplement un ramollissement de la masse par suite de la formation de composés de consistance gélatineuse, le mortier alors perd sa dureté sans changer extérieurement d'apparence et cède facilement aux actions mécaniques extérieures qui l'attaquent, en particulier à l'action du choc des vagues. Ou bien elles sont accompagnées de gonflement, fissuration, jusqu'à une dislocation complète: ainsi, lorsque la chaux s'éteint, son hydratation, qui est un phénomène essentiellement chimique, amène un gonflement, un fendillement de toute la masse. L'hydratation. de la chaux n'est pas le seul phénomène chimique capable de produire des fentes et des gonflements semblables: l'action des sulfates sur les mortiers produit d'une façon beaucoup plus lente ces mêmes phénomènes de désagrégation.

Gonflements dus à la formation du Sulfo-Aluminate de Chaux.

En introduisant des quantités importantes de sulfate de chaux dans les ciments, on peut amener leur désagrégation plus ou moins rapide et cette désagrégation est généralement plus rapide, lorsque la conservation a lieu à l'eau de mer que lorsqu'elle a lieu à l'eau douce. La proportion de sulfate de chaux que peut supporter un ciment sans se désagréger dépend de sa nature: les ciments pauvres en alumine, quoique renfermant de la chaux libre, comme les ciments de grappier et les ciments à prise prompte renfermant beaucoup d'alumine, mais peu de chaux, peuvent supporter des additions assez importantes de sulfate, jusqu'à, 10 p. 100, sans présenter d'altération notable.

Parmi les chaux, les plus alumineuses ne peuvent pas supporter, sans se désagréger, plus de $1^0/_0$ de sulfate, tandis que les moins alumineuses peuvent en supporter $5^0/_0$. M. Candlot l'a montré en ajoutant à des ciments et à des chaux des proportions variables de sulfate de chaux et confectionnant avec ce mélange des galettes qui étaient immergés dans l'eau douce ou dans l'eau de mer.

J'ai fait une série semblable d'expériences en ajoutant des poids de 5 et de $20^0/_0$ de sulfate de chaux précipité à différents produits hydrauliques et conservant les briquettes dans de l'eau saturée de sulfate de chaux.

Le tableau suivant résume les résultats obtenus après un an de conservation. Une croix indique la disparition complète de la briquette tombée en bouillie; les numéros 0 à 5 indiquent l'état de conservation relatif, le chiffre 0 correspondant à l'absence de toute trace d'altération, c'est-à-dire ni fente, ni arrondissement des arêtes.

Les briquettes avaient la forme de cylindres de 2 centimètres de hauteur et 2 centimètres de diamètre.

Nᵒˢ	Nature des Liants hydrauliques	Addition de Sulfate de chaux	
		5 p. 100	20 p. 100
	Chaux hydrauliques:		
29-30	Mussy-sur-Aube	0	0
27-28	Aubigny	×	×
13-14	Le Teil. — Chaux ordinaire non triturée	0	0
11-12	— — triturée	0	0
15-16	— Ciment de grappier	0	0
17-18	— Ciment artificiel	0	0
	Ciment de laitier:		
37-38	Vitry-le-François	2	5
	Ciment à prise rapide:		
25-26	Désiré Michel	×	×
23-24	Ciment artificiel de M. Candlot	0	0
1-2	Vassy. — Différents bancs	4	×
3-4	— —	0	×
5-6	— —	2	×
7-8	— —	3	×
9-10	— — Mélange de tous les bancs surcuits	×	×
	Ciments artificiels Portland:		
19-20	Boulogne-sur-Meer	2	×
21-22	Mantes	×	×
31-32	Valdonne. — Bien cuit	×	×
33-34	Roche brune peu cuite	×	×
35-36	Roche jaune surcuite	×	×

Les gonflements observés dans les expériences rapportées ci-dessus sont la résultante de deux phénomènes contraires:

L'expansion du sulfo-aluminate de chaux.

Le durcissement résultant de l'hydratation du liant.

Les phénomènes devaient être bien plus accentués encore, si l'on arrivait à supprimer la cause antagoniste s'opposant au gonflement. Il suffit pour cela de faire un mélange de sulfate de chaux avec de la poudre de ciment déjà complètement hydratée et de produire par simple compression une légère agglomération du mélange humide. On arrive alors à obtenir des gonflements énormes.

Pour obtenir l'hydratation complète du ciment, il est au préalable pulvérisé dans un broyeur à billes de porcelaine de façon à lui faire traverser en totalité le tamis de 4900 mailles au centimètre carré, puis il est gâché avec un grand excès d'eau, au moins 50 p. 100 de son poids, et conservé pendant plusieurs mois sous l'eau à l'abri de l'acide carbonique de l'air, ou mieux chauffé ainsi à 100° pendant un mois.

Le ciment hydraté, encore humide, est broyé et additionné de moitié de son poids de sulfate de chaux, ce qui correspond à poids égaux de sulfate de chaux et de ciment sec. La pâte demi-sèche ainsi obtenue est comprimée dans un moule en métal sous une pression suffisante pour l'agglomérer, qui peut varier de 10 à 100 kilogrammes par centimètre carré. Les briquettes obtenues sont assez consistantes pour être maniées dans les mains. Elles sont alors posées sur une bande de papier-filtre plongeant dans de l'eau pure située à un niveau de 10 centimètres plus bas. Le tout est enfermé dans un vase clos à l'abri de l'évaporation. On mesure de jour en jour la dilatation des baguettes sans les déplacer de leur support, car elles deviennent de plus en plus fragiles au fur et à mesure de leur gonflement, qui finit par être énorme, puisqu'elles arrivent parfois à doubler de volume.

Le développement des fentes qui se produisent dans les mortiers sous l'action du sulfate de chaux, semble assez difficile à expliquer à première vue. Une masse fragile comme un mortier durci devrait se casser en fragments, mais ne semble pas à priori pouvoir gonfler et se déformer sans rupture complète. Pour étudier le mécanisme de la production de ces fentes, il y a deux points distincts à examiner:

1° — Le développement des forces.

2° — Le mécanisme de la déformation.

Développement des forces de désagrégation. L'origine de ces forces se trouve dans les phénomènes chimiques d'hydratation de la chaux et dans ceux de réaction du sulfate de chaux sur les aluminates. La première explication qui se présente pour rattacher les forces produites aux réactions chimiques est de supposer que ces réactions sont accompagnées d'un changement de volume. Par exemple, l'hydrate de chaux formé par la combinaison de l'eau et de la chaux paraît posséder un volume supérieur à celui de ses constituants. Le phénomène de désagrégation serait alors semblable à celui qu se produit dans les pierres sous l'action de la congélation de l'eau. En fait, il n'en est rien, comme je l'ai reconnu par expérience.

L'hydratation de la chaux, de la magnésie est accompagnée d'une contraction considérable égale environ au $1/8$ du volume de l'eau entrant en combinaison. De même, dans la formation du sulfo —aluminate de chaux, il y a une contraction faible, mais bien caractérisée. Il en est de même d'ailleurs dans tous les phénomènes d'hydratation des ciments. On le reconnaît très facilement, sans aucun appareil de mesure, en observant ce qui se passe au moment de la prise. On voit tout d'un coup la surface libre des briquettes se déssècher comme si l'eau s'était évaporée. En réalité, elle rentre dans les pores de la matière, appelée par la contraction qui résulte de la combinaison.

Les gonflements observés dans les mortiers existent donc seulement pour le volume apparent et non pour le volume absolu des matières, c'est-à-dire que tandis que le volume total de la partie solide diminue, les vides existant entre ces parties solides augmentent plus rapidement encore, de sorte que la masse dans son ensemble éprouve un accroissement extérieur de volume. Les cristaux solides d'hydrate de chaux ou de sulfo-aluminate de chaux se repoussent en quelque sorte les uns les autres et s'écartent en pressant contre les corps solides avec lesquels ils sont en contact.

Mécanisme de la Déformation progressive.

Après avoir ainsi précisé, dans la mesure du possible, l'origine des forces développées par les réactions chimiques, il reste à étudier comment ces forces peuvent, par une action suffisamment prolongée, arriver à amener une déformation, une fissuration seulement partielle de corps semblant, à première vue, absolument fragiles et indéformables, comme le sont les mortiers. L'explication de ce phénomène peut être donnée d'une façon rigoureuse, elle est sous la dépendance directe des lois de la

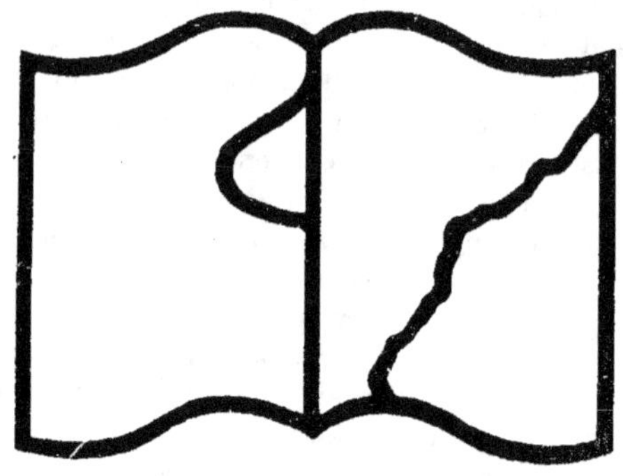

solubilité. Un corps solide mis au contact d'un liquide, où il est soluble, s'y dissout jusqu'à une certaine concentration, qui est rigoureusement déterminée quand la pression et la température le sont également; cette dissolution limite subsistant en équilibre avec le corps solide est dite saturée du corps en question; cette limite de saturation, qu'on appelle le coefficient de solubilité du corps, varie avec la pression et la température que supporte le système.

Mais lorsqu'un sel au contact d'une solution saturée vient à être comprimé, sans que la solution le soit, sa solubilité croît immédiatement; il se dissout alors dans le liquide environnant; et cette dissolution devient sursaturée par rapport à des cristaux qui seraient en contact avec elle sans être comprimés; cette dissolution va alors déposer des cristaux, diminuer de saturation et pouvoir de nouveau dissoudre les cristaux comprimés. Si l'on a une masse poreuse formée de grains de sel dont tous les vides sont remplis par de l'eau, les grains comprimés vont se dissoudre peu à peu et cristalliser dans les vides, jusqu'à ce que la totalité de ceux-ci ait été ainsi remplie et que le liquide ait été expulsé en dehors de la masse; celle-ci tend alors à devenir absolument compacte.

On conçoit que si, inversement, on a une masse poreuse, mais cependant cohérente, formée par des grains cristallins soudés les uns aux autres, et qu'on la soumette à un effort de traction, les cristaux tendus, voyant leur solubilité augmenter, se dissoudront et permettront à la masse de se déformer progressivement, à la façon d'un corps malléable, jusqu'au moment où la rupture s'effectuera.

C'est là exactement ce qui se produit dans les mortiers sous l'action des phénomènes chimiques donnant lieu à des gonflements. On peut d'abord vérifier que, soumis à un effort mécanique, des mortiers poreux se déforment d'une façon progressive sans rompre, comme de véritables corps malléables; l'expérience réussit facilement avec le plâtre. Des baguettes de plâtre d'un centimètre carré de section, portées sur des appuis distants de 100 millimètres, ont d'abord été soumises, soit à sec, soit imbibées d'eau, à des forces croissant progressivement jusqu'à rupture.

Baguette sèche . . . . 7 kg,04 et 7 kg,125 : moyenne 7 kg,08
Baguette mouillée . . . . 8 kg,57 et 8 kg,65 : moyenne 8 kg,61

On a mis alors parallèlement en expérience une baguette sèche et une baguette immergée dans une solutio de sulfate de chaux, en les chargeant de poids moitié de ceux de rupture, soit 3 kg,54 pour la baguette sèche et 1 kg,80 pour la baguette mouillée. La baguette sèche était encore intacte au bout de deux mois, tandis que la baguette mouillée avait cassé au bout de vingt-quatre heures après avoir pris une flèche permanente de 0 mm,8. Une nouvelle expérience a été faite en chargeant une autre baguette mouillée d'un poids égal au quart de celui de rupture immédiate, soit 0 kg,90. La rupture s'est encore produite, mais cette fois seulement après quarante-neuf jours. La flèche permanente était de 1 millimètre.

En répétant la même expérience avec des baguettes de 5 millimètres seulement d'épaisseur et de 300 millimètres de longueur, il a été possible d'obtenir une flèche de 30 millimètres avant la rupture, la durée de l'expérience ayant été de un mois. Bien entendu, dans ce cas, la force appliquée a dû être beaucoup moindre.

On peut s'étonner que dans les ciments, dont les éléments constituants, silicate et aluminate, sont extrêmement peu solubles, des déformations semblables puissent encore être provoquées grâce à cette très faible solubilité; mais il faut remarquer que moins les corps sont solubles, plus leurs dimensions sont faibles, et, par suite, plus grande est l'étendue de leur surface de contact avec les liquides, de telle sorte que, si la vitesse de dissolution décroît avec la solubilité, elle augmente par contre très vite avec l'étendue des surfaces. En raison de ces deux phénomènes contraires, la vitesse de déformation peut, dans tous les cas, être appréciable.

Si on vient alors à introduire dans un mortier un corps, qui tend à développer des forces internes par son expansion, comme de la chaux ou de la magnésie capables de s'hydrater, les phénomènes de déformation progressive, qui viennent d'être indiqués, pourront se produire en présence de l'eau. Mais une fois le mortier desséché, la chaux ou la magnésie libre qui peut s'hydrater ultérieurement restera en général incapable d'en amener la rupture. Elle ne pourrait le faire que dans le cas de très gros fragments de chaux vive qui ne se concentrent jamais dans les ciments et alors la rupture serait totale, de même; l'addition du sulfate de chaux, qui donne lieu à des gonflements considérables, quoique très lents dans le cas du mortier humide, est à peu près inoffensive quand on laisse dessécher les mortiers à l'air avant que les réactions aient eu le temps de se produire. Au contraire, toutes les fois qu'en présence de l'eau il se développe des gonflements par le fait de l'une ou de l'autre des réactions précédemment indiquées, leur développement est progressif comme dans le cas des forces mécaniques agissant sur les baguettes de sulfate de chaux.

Cette action des forces expansives sur les mortiers se manifeste à la fois par deux phénomènes distincts: un gonflement apparent, c'est-à-dire une augmentation du volume total et l'apparition des fentes. Très souvent on se contente, pour juger de l'altération d'un mortier, d'examiner à la vue la production de fissures superficielles, et parfois cependant des gonflements énormes peuvent être réalisés sans aucune fissure apparente: ainsi, en additionnant un ciment Portland de 10 p. 100 de magnésie calcinée impalpable, j'ai obtenu au bout de huit mois un gonflement représentant 30 p. 100 environ du volume initial sans l'apparition de la plus petite fissure. Le développement des fissures est d'autant plus accentué que le gonflement est plus rapide, d'une part, et, d'autre part, que les agents expansifs sont répartis d'une façon moins uniforme dans la matière; la magnésie en gros grains aurait donné des fentes là où la magnésie très fine n'a donné qu'un gonflement uniforme.

Phénomènes physiques de pénétration des sels de la mer dans les mortiers.

Le mécanisme de la pénétration des sels de la mer à l'intérieur des mortiers a une importance capitale au point de vue de l'avancement de la décomposition.

Porosité.

La première idée qui se présente est que l'eau de mer pénètre dans les mortiers par filtration sous l'influence de différences de pression résultant des variations des niveaux des marées, du choc des vagues ou des dénivellations de l'eau dans les bassins de radoub.

Il est bien vrai que la circulation de l'eau de mer se produit à travers les maçonneries. On le reconnaît facilement aux sources que l'on voit jaillir à travers les murs quand il y a une différence de niveau de part et d'autre, mais ces circulations d'eau à l'intérieur des maçonneries proviennent uniquement de malfaçons, de solutions de continuité qui existent dans les mortiers formant les joints des pierres. Cette pénétration de l'eau a certainement une grande influence au point de vue de la conservation des maçonneries, puisqu'elle porte jusqu'au centre l'action décomposante de l'eau de mer, mais elle est tout à fait indépendante de la nature et de la qualité des liants hydrauliques.

Il est facile de comprendre que la circulation des liquides à travers les mortiers eux-mêmes est presque impossible: c'est qu'en effet la vitesse de circulation d'un liquide ne dépend pas seulement de la section totale des vides ouverts à son passage, mais aussi de la grandeur individuelle de chacun d'eux. La finesse plus ou moins grande des précipités formés par l'action de l'eau de mer peut faire varier d'une façon très capricieuse la largeur de ces conduits et opposer ainsi à la circulation du liquide une résistance très variable d'un cas à l'autre, mais toujour très grande.

Diffusion.

La diffusion des sels ne rencontre pas les mêmes obstacles que l'écoulement des liquides dans les corps poreux. Cette vitesse ne dépend en effet que de la section libre totale et nullement de la grandeur individuelle de chacun des conduits ; il était donc permis de penser que cette diffusion devait s'effectuer d'une façon beaucoup plus régulière que la circulation en masse du liquide ; c'est ce que l'expérience a vérifié au delà même des prévisions permises.

La méthode que j'ai employée consiste à immerger les blocs de mortier dans des solutions salines renfermant un corps dont la présence à l'intérieur du mortier puisse ensuite être facilement décelée au moyen de réactifs appropriés.

Parmi les réactifs employés, celui qui m'a donné les résultats les plus nets est le ferrocyanure de potassium avec précipitation par la solution chlorhydrique de chlorure ferrique ; le précipité bleu extrêmement foncé est absolument net.

Le sulfure de sodium à la concentration de 10 p. 100 jouit de la propriété de donner une coloration noire verdâtre là où il pénètre sans l'intervention d'aucun autre sel métallique.

Une fois en possession de cette méthode, il était intéressant de l'appliquer à la comparaison de différentes sortes de produits hydrauliques; dans ce but, on a pris des briquettes de ciment fabriquées depuis trois ans et conservées dans l'eau de chaux.

Ces briquettes furent immergées pendant six mois dans une solution de sulfure de sodium à 10 p. 100. Dans ces conditions, le plus grand nombre des chaux et ciments mis en expérience ont été pénétrés jusqu'au centre, c'est-à-dire à une profondeur d'au moins 10 millimètres, puisque la dimension des briquettes était de 20 millimètres. Un très petit nombre seulement n'ont présenté que des pénétrations extrêmement faibles.

Tous ces ciments, sauf un ou deux échantillons indiqués, avaient été broyés avant gâchage, de façon à les faire passer en totalité à travers le tamis de 4.900 mailles. La proportion d'eau a toujours été très élevée, se rapprochant en général de 50 p. 100 afin de se placer comme porosité dans des conditions comparables à celles des mortiers. Pour gâcher le ciment avec d'aussi fortes proportions d'eau, il a fallu ou le laisser reposer avant d'achever le gâchage et le rebattre, ou, le plus souvent, commencer la prise en chauffant quelques minutes la pâte trop liquide au bain-marie.

Ciments immergés dans le sulfure de sodium après trois ans de durcissement.

	Nature	Perte à la calcination. p. 100 du poids du résidu calciné (eau libre et combinée)	Pénétration du sulfure de sodium dans des cylindres de 20 millimètres
1	Chaux grasse, 1 partie / Argile calcinée, 0,5 partie	175,7	Totale
2	Portland anglais	63,5	—
3	Chaux grasse, 1 partie / Argile calcinée, 1 partie	149,9	—
4	Portland amaigri, 1/2	59,9	—
5	Portland amaigri. 1 1	61,3	—
6	Grenoble, prise rapide	101,2	—
7	Grenoble, prise lente	83,6	—
8	Portland, Boulogne	56,75	—
9	— + 1 partie argile calcinée .	111,3	—
10	Ciment de laitier Donjeux	76,1	—
11	— Vitry	82,5	
12	1 partie chaux grasse + 4 parties Trass	88,4	5 millimètres
13	Ciment fort indice	44,8	0
14	—	47,0	0
15	Ciment Vassy médiocre	91,5	Totale
16	Ciment grappier du Teil (non broyé) .	70,0	—
17	Chaux du Teil. pierres bien cuites .	116,8	—
18	Ciment grappier du Teil	72,2	—
19	— + 1 partie argile calcinée .	127,41	—
20	Chaux du Teil	73,0	—
21	— + 1 partie silice calcinée . .	144,0	—
22	— + 1 partie argile calcinée . .	95,0	1mm,5

La première colonne des tableaux indique la perte à la calcination rapportée à 100 parties de matières calcinées; c'est, à très peu de chose près, l'eau de gâchage, sauf dans le cas des chaux qui renferment déjà une notable proportion d'eau combinée.

Tous ces ciments, sauf le numéro 18, ont été broyés avant gâchage, comme cela est indiqué plus haut.

Les ciments 15 et 16 provenaient d'une fabrication spéciale fait aux usines de Boulogne, en vue d'essayer si les ciments à fort indice résisteraient mieux à l'action décomposante de l'eau de la mer. La pâte avait été dosée à 24, 15 p. 100 d'argile. La proportion d'eau de gâchage était beaucoup plus faible que dans les autres échantillons.

Ces deux ciments ont été complètement imperméables, tandis que les ciments au dosage ordinaire ont tous été perméables.

Un mélange de chaux du Teil et d'argile s'est montré à peu près complètement imperméable, tandis que des mélanges de ciment Portland ou de ciment de grappier avec la même quantité d'argile se sont laissé pénétrer; mais, là aussi, la quantité d'eau était différente : 95 p. 100 pour le mélange de chaux, dont 8 p. 100 environ préexistait dans la chaux, tandis que les mélanges à base de ciment renfermaient 111 et 127 p. 100 d'eau. Les expériences du tableau suivant montrent que les mélanges de ciment et d'argile deviennent aussi imperméables, quand ils sont gâchés avec moins d'eau.

Nature	Proportion d'eau	Pénétration du sulfure
Chaux et pouzzolane grise	»	8mm, 0
— jaune	»	3 , 0
Ciment Dèvres bien cuit, grise	60 p. 100	totale
— jaune	56 —	0mm, 5
Ciment Dèvres peu cuit, grise	54 —	5 , 0
— jaune	60 —	0 , 8
Ciment Boulogne, excès argile, grise	51 —	totale
— jaune	55 —	1mm, 5
Ciment Boulogne, excès de chaux, grise	48 —	0 , 5
— jaune	55 —	3 , 0

Enfin un mélange de chaux grasse et trass a été incomplètement pénétré.

Ce tableau se rapporte à des mélanges de chaux et ciments avec des pouzzolanes d'Italie : une variété jaune et une variété grise, que je dois à l'obligeance de M. Rebuffat. Sauf pour le mélange avec la chaux grasse, où elles ont été employées à l'état naturel, elles ont été broyées comme les ciments.

Le mélange avec les ciments a été fait à poids égal, et, pour la chaux, dans la proportion de 4 parties de pouzzolane pour 1 de chaux.

On voit donc que, même avec une proportion d'eau pour 100 relativement considérable, 50 p. 100, il existe des liants hydrauliques pouvant arriver à former une masse absolument imperméable.

Il semble bien que ce facteur de la perméabilité plus ou moins grande des mortiers à la pénétration par diffusion des sels ait une importance au moins aussi grande, pour la conservation des mortiers à la mer, que la différence des propriétés chimiques des ciments employés.

Élimination de la Chaux par diffusion.

Les phénomènes chimiques modifient considérablement la porosité et, par suite, la perméabilité des mortiers aux sels dissous; l'attention a été appelée sur ce point dans ces derniers temps par M. Maynard, directeur du Laboratoire des Ponts et Chaussées à la Rochelle. Il a reconnu qu'on ne rencontrait jamais de magnésie à l'intérieur des mortiers, même dans un état très avancé d'altération, an moins tant que leur désagrégation n'est pas tout à fait complète, et cependant la chaux disparaît progressivement, en même temps que le mortier devient de plus en plus poreux. La chaux se diffuse peu à peu de l'intérieur vers la surface extérieure, où elle rencontre les sels de magnésie dissous qu'elle précipite.

J'ai vérifié l'exactitude du fait annoncé par M. Maynard au moyen d'une méthode qualitative qui a l'avantage de se prêter à des observations très simples. Au lieu d'immerger les mortiers dans des sels de magnésie dont la pénétration ne peut être reconnue que par des analyses chimiques délicates, je les ai immergés dans des sels colorés d'argent, de mercure, de cuivre et de cobalt. Après des mois de séjour dans ces dissolutions, des mortiers relativement très poreux n'étaient colorés que sur une épaisseur inférieure à 1/10 de millimètre, c'est-à-dire que la pénétration avait été pratiquement nulle. Il n'est, bien entendu, question ici que de la pénétration dans la masse compacte. Lorsque le mortier se fend et se désagrège, comme cela arrive avec les sulfates des métaux ci-dessus indiqués, et en particulier ceux de cuivre et de cobalt dont on peut employer des solutions assez concentrées, le liquide pénêtre par toutes les fentes, et la surface de ces fentes se colore, mais en brisant l'échantillon on ne voit nulle part de coloration en dehors des deux lèvres de la fente.

Croûte imperméable.

Si les réactions chimiques peuvent augmenter la perméabilité des mortiers, elles peuvent aussi, par un mécanisme différent, diminuer considérablement cette perméabilité et produire un colmatage de tous les pores.

Il y a deux cas à distinguer, celui des solutions de chlorures ou d'azotates et celui des solutions de sulfates. Dans le cas des solutions de chlorures ou d'azotates, la croûte superficielle très mince qui se forme semble devenir complètement imperméable. Elle reste en tout cas très bien adhérente, et, si la diffusion continue à se faire de l'extérieur du mortier vers le liquide salin, ce n'est qu'avec une extrême lenteur. Avec les solutions de sulfates, le phénomène est tout autre, la même croûte se forme bien: mais, au bout de quelque temps, on la voit se soulever, donner naissance à des cloques et se détacher de la surface de la briquette.

Le phénomène de gonflement dû à la présence de l'acide sulfurique amène la complète désagrégation de cette croûte et permet ainsi la continuation de l'altération du mortier. Il y a là par conséquent une distinction capitale à établir entre les solutions sulfatées et les solutions non sulfatées.

Dans les solutions non sulfatées, dans le chlorure de magnésium par exemple,- toutes les expériences faites jusqu'ici ont été impuissantes à déceler une décomposition quelconque. La protection fournie par la croûte d'oxychlorure ou d'oxyde metallique insoluble semble être complète.

Dans les eaux de la mer, qui renferment à la fois des chlorures, des sulfates et des bicarbonates, toutes ces influences se feront simultanément sentir d'une façon inégale, suivant la nature des ciments et leurs conditions d'emploi. Pour de très légères modifications dans les circonstances de l'expérience, la croûte protectrice pourra être stable et protéger les mortiers, tandis que, dans d'autres cas, elle ne subsistera pas et donnera lieu à une accélération très rapide de la destruction.

Il peut être intéressant de chercher à se rendre compte des conditions dans lesquelles se fait l'élimination de la chaux des mortiers par diffusion vers l'extérieur. J'ai trouvé un réactif, le bichlorure de mercure, qui permet de se rendre compte de cette altération d'une façon très précise. En mouillant la cassure fraîche d'une briquette avec une solution saturée (10 p. 100) de bichlorure de mercure, laissant l'action se continuer dix secondes, puis lavant quelques instants à grande eau, on voit la coloration jaune de l'oxyde de mercure sur toutes les parties de la briquette renfermant encore de la chaux libre, la coloration rouge brun de l'oxychlorure sur les parties qui renferment seulement des silicates et aluminates de chaux ou de la magnésie libre, et aucune coloration sur les parties complètement carbonatées et décomposées.

En appliquant cette méthode à l'examen des briquettes immergées dans des solutions de sulfate et chlorure de cuivre ou de cobalt, j'ai reconnu que, après un an d'immersion, la chaux n'avait en aucun point de ces briquettes été enlevée complètement, car leur section devenait brun rouge jusqu'au contact de la croûte superficielle infiniment mince des chlorures et sulfates basiques. La chaux libre était enlevée un peu plus profondément, mais rarement sur plus de 1 millimètre d'épaisseur. On voit donc combien est énergique le rôle protecteur de la couche superficielle, car les mêmes briquettes immergées dans des solutions de sels solubles, ne donnant aucun précipité comme le ferrocyanure ou les sulfures, auraient été imprégnées à bloc, sur plusieurs centimètres d'épaisseur, même dans un temps d'immersion bien moins long.

Mécanisme de la décomposition des ciments. — D'après ce qui précède, la décomposition des mortiers résulte de deux phénomènes successifs, l'élimination de la chaux par diffusion, qui détruit en partie la solidité du mortier et accroît sa porosité, puis un gonflement et une désagrégation de la masse ainsi affaiblie, produits par l'action du sulfate de chaux.

En ce qui concerne la première phase du phénomène, elle présente nécessairement deux périodes très distinctes. Tant que le ciment renferme de la chaux libre, sa solubilité relativement très grande lui permet de se diffuser rapidement; quand, au contraire, il n'y a plus de chaux libre, mais seulement des silicates et aluminates, la décomposition peut encore continuer par ce mécanisme, parce que ces corps se dissocient au contact de l'eau; mais, la quantité de chaux mise en liberté étant extrêmement faible, son élimination par diffusion sera également extrêmement lente.

Le mécanisme de la seconde phase de la décomposition par gonflement est plus difficile à comprendre, puisqu'il n'y a pas de pénétration de sels étrangers dans le ciment.

Il semble que ce sont uniquement les efforts de gonflement se produisant dans cette petite croûte superficielle qui provoquent l'arrachement et les fentes du mortier. Tant que la croûte n'est pas adhérente au mortier, elle se détache sous l'action de ce gonflement sans porter aucun préjudice à la résistance intérieure de la masse; mais une fois que, par suite de l'élimination partielle de la chaux, elle commence à se précipiter dans les pores de la couche superficielle et à devenir complètement adhérente au mortier, ces gonflements se traduisent par des efforts qui arrivent, sous l'action du temps, et par le mécanisme indiqué plus haut, à ouvrir des fentes dans le mortier.

Si l'on admet — ce que mes expériences semblent bien établir — que tous ces phénomènes de décomposition des ciments à la mer, tant l'élimination de la chaux par diffusion que les gonflements, sont sous la dépendance d'une petite croûte, imperméable et plus ou moins expansive, de quelques dixièmes de millimètre au plus d'épaisseur, on comprendra combien les phénomènes globaux de décomposition des mortiers doivent sembler capricieux. Ils sont sous la dépendance des conditions de production et de destruction de cette petite couche, qui est en état de transformation perpétuelle, comme un véritable être vivant, puisque constamment la chaux vient par diffusion réagir sur sa surface interne, tandis que les sels de magnésie des eaux de la mer l'attaquent en même temps par sa surface externe. Ces derniers détruisent le sulfo-aluminate de chaux, qui va se reformer un peu plus profondément ou au même endroit, suivant les alternatives de circulation de la chaux et des sels de magnésie.

CONCLUSION.

Les conclusions les plus nettes de ces études sont, en ce qui concerne le côté purement chimique de la décomposition des mortiers hydrauliques à la mer, les suivantes:

1⁰ Tous les éléments actifs des ciments: chaux, aluminates et silicates, sont immédiatement décomposés quand ils se trouvent en contact direct avec les sels de magnésie de l'eau de la mer, et donnent des chlorures et sulfates de chaux solubles qui entraînent la totalité de la chaux en dissolution ;

2⁰ La réaction de l'aluminate de chaux avec le sulfate de chaux, préexistant dans les eaux naturelles ou résultant de l'action du sulfate de magnésie sur les composés calcaires des ciments, donne naissance à un sulfo-aluminate de chaux dont la cristallisation occasionne, comme l'hydratation de la chaux vive, mais d'une façon plus lente, des gonflements et fendillements des mortiers ;

3⁰ La pénétration des sels de la mer se fait de deux façons différentes :

L'eau de mer pénètre en bloc par toutes les solutions de continuité résultant des malfaçons, en grande partie inévitables, des maçonneries, et par le fait de la porosité des moellons et briques employés. La porosité normale des mortiers ne semble avoir, à ce point de vue, qu'une importance secondaire.

Ensuite, dans les parties saines des mortiers, les échanges et réactions avec l'eau de mer se font à peu près exclusivement par diffusion et d'autant plus rapidement que la porosité normale de ces mortiers est plus grande;

4⁰ Tous les phénomènes de décomposition à la mer sont sous la dépendance de la formation d'une croûte superficielle infiniment mince dont l'imperméabilité, d'une part, tend à s'opposer aux échanges par diffusion ou tout au moins à les ralentir, et dont l'expansion, d'autre part, par le fait de la formation du sulfo-aluminate de chaux, occasionne des gonflements et fendillements du mortier facilitant ensuite la pénétration de l'eau de mer en masse.

www.ingramcontent.com/pod-product-compliance
Lightning Source LLC
LaVergne TN
LVHW020425060726
842525LV00006B/2237